目　次

前　　言

本标准按照 GB/T 1.1—2009《标准化工作导则　第 1 部分：标准的结构和编写》给出的规则起草。

请注意本文件的某些内容可能涉及专利。本文件的发布机构不承担识别这些专利的责任。

本标准由中国煤炭工业协会提出。

本标准由煤炭行业煤矿专用设备标准化技术委员会归口。

本标准主要起草单位：北京天地玛珂电液控制系统有限公司、天地科技股份有限公司开采设计事业部、郑州煤机液压电控有限公司、温州市基安机械有限公司。

本标准主要起草人：向虎、王国法、王伟、穆健勇、陈纪恩。

煤矿用液压支架过滤器

1 范围

本标准规定了煤矿用液压支架过滤器（以下简称过滤器）的术语和定义、分类、要求、试验方法、检验规则、标志、包装和贮存。

本标准适用于以乳化油、浓缩液以及水-乙二醇等稀释配成的难燃液压液为工作液的过滤器。

2 规范性引用文件

下列文件对于本文件的应用是必不可少的。凡是注日期的引用文件，仅注日期的版本适用于本文件。凡是不注日期的引用文件，其最新版本（包括所有的修改单）适用于本文件。

GB/T 192 普通螺纹 基本牙型

GB/T 193 普通螺纹 直径与螺距系列

GB/T 196 普通螺纹 基本尺寸

GB/T 197 普通螺纹 公差

GB/T 321—2005 优先数和优先数系

GB/T 2516 普通螺纹 极限偏差

GB/T 2829—2002 周期检验计数抽样程序及表（适用于对过程稳定性的检验）

GB 3836.1 爆炸性环境 第1部分：设备 通用要求

GB/T 13306 标牌

GB/T 14041.1 液压滤芯 第1部分：结构完整性验证和初始冒泡点的确定

GB/T 14041.2 液压滤芯 第2部分：材料与液体相容性检验方法

GB/T 18853 液压传动过滤器 评定滤芯过滤性能的多次通过方法

GB/T 18854 液压传动 液体自动颗粒计数器的校准

GB/T 20079—2006 液压过滤器技术条件

GB/T 20080—2006 液压滤芯技术条件

MT 76 液压支架（柱）用乳化油、浓缩液及其高含水液压液

MT/T 154.1 煤矿机电产品型号编制方法 第1部分：导则

MT/T 986 矿用U形销式快速接头及附件

3 术语和定义

GB/T 20079、GB/T 20080界定的以及下列术语和定义适用于本文件。

3.1

初始冒泡压力 first bubble point pressure

将滤芯浸入异丙醇中，使滤层最高点距液面13 mm，按照GB/T 14041.1试验方法，产生第一串连续气泡时的空气压力。

注1：以帕为计量单位，用Pa表示。

注2：改写GB/T 20080—2006，定义3.2。

3.2

滤芯结构完整性 element fabrication integrity

以规定的初始冒泡压力来检查滤芯制造质量的表征。

［GB/T 20080—2006　定义 3.3］

3.3

初始过滤比　initiative filtration ratio

过滤器上、下游的油液单位体积中大于某一给定尺寸 $x(c)$ 的污染物颗粒数之比，用 $\beta_{x(c)}$ 表示。即：

$$\beta_{x(c)} = N_u / N_d$$

式中：

N_u——过滤器上游油液单位体积中所含大于 xμm 的颗粒数；

N_d——过滤器下游油液单位体积中所含大于 xμm 的颗粒数。

注 1：$\beta_{x(c)}$ 表示该过滤器对大于尺寸为 x 的颗粒的过滤能力。

注 2：$\beta_{x(c)}$ 下脚标“（c）”表示 β_x 是用按照 GB/T 18854 校准的自动颗粒计数器测量并计算的。不带该下脚标，表示 β_x 是用以其他方法校准的颗粒计数器测量并计算的。

注 3：改写 GB/T 20079—2006　定义 3.1。

3.4

过滤效率　filtration efficiency

油液大于某一给定尺寸 $x(c)$ 的污染物颗粒经过滤器过滤后，拦截颗粒数量与总数量之比，通常用过滤比来计算，即：

$$\eta_x = \left(1 - \frac{1}{\beta_x}\right) \times 100\%$$

3.5

过滤精度　filtration rating

过滤器所能有效捕获［$\beta_{x(c)} \geqslant 5$］的最小颗粒尺寸 $x(c)$，以微米为计量单位，用 μm 表示。

注：改写 GB/T 20079—2006，定义 3.2。

3.6

过滤器额定流量　filter rated flow

安装过滤精度 10μm 过滤材料为无机纤维滤芯的过滤器，使用运动黏度不大于 100mm^2/s 的符合 MT 76 的矿用液压液，在规定的清洁滤芯压降下所通过的流量，以升/分为计量单位，用 L/min 表示。

注：改写 GB/T 20079—2006 定义 3.4。

3.7

滤芯极限压降　terminal element pressure drop

为确保过滤性能而规定的滤芯所承受的最大压降。

注：改写 GB/T 20080—2006，定义 3.7。

3.8

纳垢容量　dirt capacity

滤芯压降达到规定极限压降时所截留污染物的总量，以克为计量单位，用 g 表示。

［GB/T 20079—2006　定义 3.3］

3.9

过滤器初始压降　filter clean pressure drop

过滤器安装清洁滤芯时的压差值。

［GB/T 20079—2006　定义 3.8］

4 分类

4.1 产品分类

过滤器按是否有反冲洗功能分为反冲洗过滤器和普通过滤器，反冲洗过滤器又按反冲洗操作方式分为手动反冲洗过滤器、液控反冲洗过滤器和电控自动反冲洗过滤器。

4.2 产品型号

4.2.1 过滤器型号编制方法应符合 MT/T 154.1 的规定，主要由产品类型代号、产品特征代号和主参数表示，如按此划分仍不能区分不同产品时，允许增加补充特征代号和设计修改序号，以示区别。

4.2.2 产品型号的组成和排列方式如下：

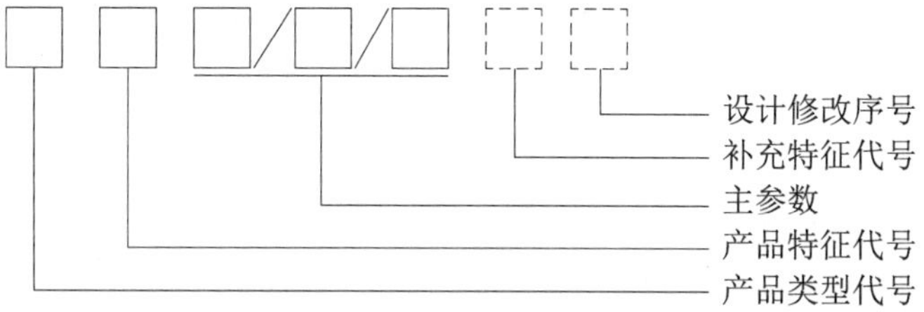

4.2.3 产品型号组成和排列方式的说明：

a） 产品类型代号表明产品类别，过滤器用汉语拼音大写字母 GQ 表示；

b） 产品特征代号表明过滤器按功能的分类，如反冲洗过滤器根据反冲洗方式，分别用 S 表示手动反冲洗过滤器，用 Y 表示液控反冲洗过滤器，用 D 表示电控自动反冲洗过滤器，普通过滤器为默认不写；

c） 主参数依次用过滤器公称流量、公称压力、过滤精度三个参数来表示，三个参数均用阿拉伯数字来表示，参数之间用“/”符号隔开，公称流量的单位为升每分（L/min），公称压力的单位为兆帕（MPa），过滤精度的单位为微米（μm）；

d） 如果产品型号用产品类型代号、产品特征代号、主参数仍难以区分和识别时，使用补充特征代号，用汉语拼音大写字母表示；

e） 设计修改序号表明产品结构有重大修改时作为识别之用，以带括号的大写英文字母（A）、（B）……依次表示；

f） 当几个单位同时设计出基本相同的产品需要区分时，应由负责具体产品的标准化技术归口单位决定，以示区别。

4.2.4 型号编制示例：

示例 1： GQ 400/31.5/25 表示公称流量为 400L/min、公称压力为 31.5MPa、过滤精度为 25μm 的过滤器；

示例 2： GQS 400/31.5/25S 表示公称流量为 400L/min、公称压力为 31.5MPa、过滤精度为 25μm 的手动反冲洗过滤器。

4.2.5 公称流量系列应符合表 1 的规定。

表1 公 称 流 量 系 列

单位为 L/min

流　量				
250	315	400	500	630
800	1000	1600	2000	2500
（3150）	4000	6300		
注：（）中的值为非优先选用值。				

4.2.6 公称流量超出本系列 10 000L/min 时，应按 GB/T 321—2005 中 R10 系列选用。

4.2.7 公称压力系列应符合表 2 的规定。

表2 公称压力系列

单位为 MPa

压力			
1.0	2.5	4.0	16
20	31.5	40	（45）
50	63	80	100
注：（）中的值为非优先选用值。			

4.2.8 公称压力超出本系列 100MPa 时，应按 GB/T 321—2005 中 R10 系列选用。

4.2.9 过滤精度系列应符合表 3 的规定。

表3 过滤精度系列

单位为μm

过滤精度					
15	20	25	40	60	80

4.2.10 过滤精度大于 80μm 时，由制造厂自行确定。

5 要求

5.1 一般要求

5.1.1 选用制造过滤器及滤芯的材料应和符合 MT 76 要求的工作液相容，满足 GB/T 14041.2 的检验要求。

5.1.2 对易老化的材料应做出规定，并在产品技术文件中标明材料的老化极限。

5.1.3 选用的金属材料应耐腐蚀或进行表面处理。

5.1.4 过滤器表层（包括涂层和镀层）不应采用轻金属。

5.1.5 讲入过滤器壳体内的流体应避免直接冲击滤芯。

5.1.6 过滤器应从设计结构上防止滤芯不正确安装。

5.1.7 螺纹连接应符合 GB/T 192、GB/T 193、GB/T 196、GB/T 197 和 GB/T 2516 的规定。

5.1.8 过滤器与管路的连接应优先选用 MT/T 986 要求的连接方式。

5.1.9 过滤器中电气部分性能应符合 GB 3836.1 的要求。

5.2 外观质量

5.2.1 过滤器的外观及装配质量应符合产品图样的规定。

5.2.2 过滤器的表面应光滑、无毛刺、清洁、无磕碰、无锈斑及其他缺陷。

5.3 清洁度

每件过滤器清洗残留物质量应不大于 10mg。

5.4 性能要求

5.4.1 高压密封

过滤器在公称压力下，不应有外渗漏。

5.4.2 低压密封

过滤器在 6MPa 的压力下，不应有外渗漏。当过滤器的公称压力低于 6MPa 时，可不做本项试验。

5.4.3 强度

过滤器的公称压力小于 40MPa 时，在 1.5 倍的公称压力的静压下，不应损坏；过滤器的公称压力大于或等于 40MPa 时，在 1.25 倍公称压力的静压下，不应损坏。

5.4.4 滤芯结构完整性

滤芯结构完整性通过滤芯的初始冒泡压力来检测，对于不同精度和滤网结构的滤芯，初始冒泡压力应满足表 4 的要求。

表 4 滤芯初始冒泡压力

序号	过滤精度 μm	初始冒泡压力 Pa	波纹结构形式
1	15	≥1650	波纹式
		≥1750	围网式
2	20	≥1350	波纹式
		≥1500	围网式
3	25	≥1150	波纹式
		≥1250	围网式
4	40	≥800	波纹式
		≥850	围网式
5	60	≥600	波纹式
		≥650	围网式
6	80	≥600	波纹式、围网式

5.4.5 过滤精度

过滤器的过滤精度应符合产品技术文件的规定。

5.4.6 纳垢容量

过滤器滤芯的纳垢容量应不低于产品技术文件的规定。

5.4.7 滤芯强度

滤芯前、后压差达到公称压力的 0.8 倍时，滤芯不应发生永久变形和损坏。

5.4.8 初始压降

在过滤器通过公称流量的工作液时，进、出液口的压降应不大于表 5 规定的允许压降。

表 5 通过公称流量允许压降

序号	公称流量 Q L/min	允许压降 Δp MPa
1	$Q \leqslant 320$	1.0
2	$320 < Q \leqslant 630$	1.5
3	$630 < Q \leqslant 1000$	2.0
4	$1000 < Q \leqslant 2000$	2.5
5	$Q > 2000$	3.0

5.4.9 滤芯抗冲击性能

在公称流量和公称压力下，使过滤器工作压力频繁波动一定次数后，滤芯不应变形、开裂、断丝、击穿损坏。试验后滤芯的初始冒泡压力应不低于原始滤芯的 80%。

5.4.10 反冲洗操作力

对于反冲洗过滤器，反冲洗操作力（手动反冲洗过滤器）、控制压力（液控反冲洗过滤器）、控制电流（电控自动反冲洗过滤器）应满足产品技术文件的要求。

6 试验方法

6.1 外观及清洁度试验

零件制造质量的检验应依照设计图纸要求采用下列方法：

a） 零件的尺寸及形位公差检查采用卡尺、千分尺等量具检测；

b） 零件表面粗糙度检查采用标准块进行目视比较；

c） 零件的外观质量检查采用目测方式；

d） 清洁度测定方法：用煤油先清洗成品过滤器的外部，然后将过滤器解体，更换煤油，清洗各个零件，用 25μm 精度的滤网过滤煤油中的残留物，经 80℃烘干 1h 后，用分析天平称量残留物的质量。

6.2 高压密封试验

过滤器的进液口供液，达到公称压力后，稳压 2min，应符合 5.4.1 的要求。

6.3 低压密封试验

给过滤器供 6MPa 的工作液，稳压 2 min，应符合 5.4.2 的要求。

6.4 强度试验

过滤器的公称压力小于 40MPa 时，在 1.5 倍的公称压力下；过滤器的公称压力大于或等于 40MPa 时，在 1.25 倍的公称压力下，稳压 5min，应符合 5.4.3 的要求。

6.5 滤芯结构完整性试验

滤芯结构完整性试验应按照 GB/T 14041.1 的规定进行，测得滤芯的初始冒泡压力应符合 5.4.4 的要求。

6.6 过滤精度试验

滤芯过滤精度用初始过滤比标定，试验应按照 GB/T 18853 的规定进行。试验粉尘选用标准球形粉尘［ISO12103-1（A3）粉尘］，在符合 5.4.5 要求过滤精度下，过滤比 β_x 应大于或等于 5。

6.7 纳垢容量试验

滤芯的纳垢容量试验应按照 GB/T 18853 的规定进行，应符合 5.4.6 的要求。

6.8 滤芯强度试验

通过添加污染物或其他方法使滤芯前、后的压差上升到公称压力的 0.8 倍，持续 1min，检查滤芯的状态，应符合 5.4.7 的要求。

6.9 初始压降试验

6.9.1 过滤器初始流量压降试验装置如图 1 所示。

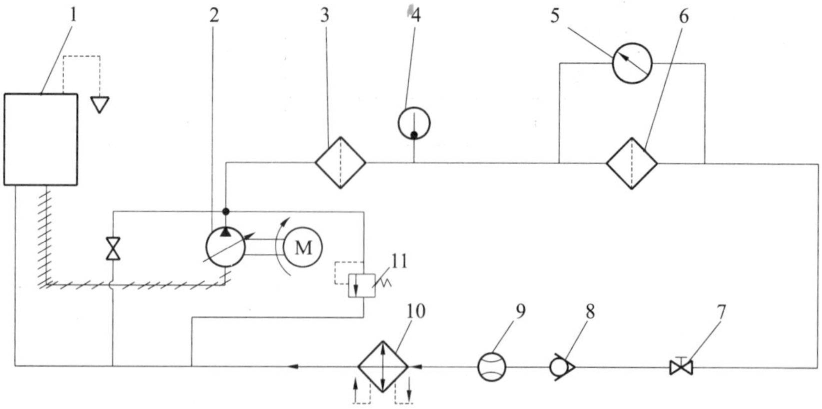

1—油箱；2—泵；3—清洗过滤器；4—温度计；5—压差表；6—被试过滤器；
7—球阀；8—单向阀；9—流量计；10—散热器；11—溢流阀

图 1 流量压降试验装置原理图

6.9.2　在被试过滤器额定流量的 10%～110%范围内，至少选取 4 个增量大致相等的流量点进行测试，记录每一个流量点的压力。在记录每一个测试点的读数时应保持流量和压力稳定。

6.9.3　绘制被试过滤器的流量与压降的关系曲线图。当清洁滤芯过滤器通过公称流量时压降应符合 5.4.8 的要求。

6.10　滤芯抗冲击性能试验

滤芯抗冲击性能试验装置原理图如图 2 所示，通过控制电液控换向阀，实现测试系统压力在 0 到公称压力之间交替变化，变化 10 000 次后，检查过滤器滤芯的完好情况，应满足 5.4.9 的要求。

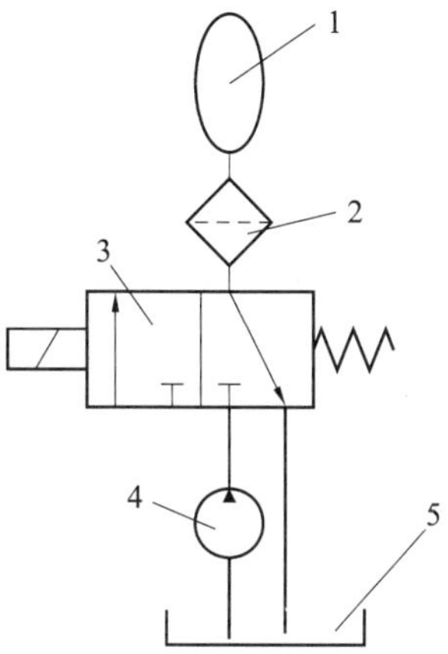

1—6L～8L 稳压罐；2—被试件；3—两位三通换向阀；4—泵源；5—油箱

图 2　滤芯抗冲击性能试验装置原理图

6.11　反冲洗操作力试验

对于有反冲洗功能的过滤器应进行反冲洗操作力试验。当过滤器在公称压力和公称流量下进行反冲洗时，应符合 5.4.10 的要求。

7　检验规则

7.1　检验分类

7.1.1　过滤器的检验分为出厂检验和型式检验。

7.1.2　过滤器出厂应进行出厂检验，检验由制造厂的质检部门进行，检验结果应记录归档备查；用户验收按出厂检验项目进行。

7.1.3　型式检验由国家授权的监督检验部门进行。

7.1.4　凡属下列情况之一，应进行型式检验：

a）新产品鉴定定型时或老产品转厂试制时；

b）正式生产后，如产品设计、结构、材料或工艺有较大改变，可能影响产品性能时；

c）产品停产三年以上再次生产时；

d）用户对产品质量有重大异议时；

e）产品正常生产每五年定期进行检验；

f）出厂检验结果与上次型式检验有较大差异时；

g）国家有关部门提出要求时。

7.2　检验项目

出厂检验和型式检验的项目和要求见表 6。经型式检验的样品不应再投放市场。

表6 检验的项目和要求

序号	检验项目	要求	试验方法	出厂检验	型式检验
1	外观质量	5.2	6.1 a)、b)、c)	√	√
2	清洁度	5.3	6.1 d)	√	×
3	高压密封	5.4.1	6.2	√	√
4	低压密封	5.4.2	6.3	√	√
5	强度	5.4.3	6.4	√	√
6	滤芯结构完整性	5.4.4	6.5	√	√
7	过滤精度	5.4.5	6.6	×	√
8	纳垢容量	5.4.6	6.7	×	√
9	滤芯强度	5.4.7	6.8	×	√
10	初始压降	5.4.8	6.9	×	√
11	滤芯抗冲击性能	5.4.9	6.10	×	√
12	反冲洗操作力	5.4.10	6.11	×	√
注：“√”表示该项目为检验项目；“×”表示该项目为非检验项目。					

7.3 组批规则和抽样方案

7.3.1 组批规则

过滤器应成批提交检验，每批产品由同厂家同一生产批次的产品组成。每200个划为一批，不足200个时单独划为一批。

7.3.2 抽样方案

在试制定型鉴定时，样品为样本。在批量生产时，应从出厂检验合格的产品中随机抽取样本。

7.3.2.1 出厂检验除清洁度和强度外全检。清洁度和强度出厂检验抽样方案采用GB/T 2829—2002中判定水平为I的一次抽样方案，详见表7。

表7 清洁度、强度出厂检验抽样方案

序号	检验项目	不合格分类	不合格质量水平 RQL	判别水平 DL	抽样方案类型	样本量 n	判定数组 A_c，R_e
1	清洁度	B	40	I	一次抽样	2	0，1
2	强度	A	20	I	一次抽样	5	0，1
注：A_c为合格判定数，R_e为不合格判定数。							

7.3.2.2 型式检验抽样方案采用GB/T 2829—2002中判定水平为I的一次抽样方案，详见表8。

表8 型式检验抽样方案

序号	检验项目	不合格分类	不合格质量水平 RQL	判别水平 DL	抽样方案类型	样本量 n	判定数组 A_c，R_e
1	外观质量	B	40	I	一次抽样	5	1，2
2	高压密封	A	20	I	一次抽样	5	0，1
3	低压密封	A	20	I	一次抽样	5	0，1

表 8（续）

序号	检验项目	不合格分类	不合格质量水平 RQL	判别水平 DL	抽样方案类型	样本量 n	判定数组 A_c，R_e
4	强度	A	20	I	一次抽样	5	0，1
5	滤芯结构完整性	A	20	I	一次抽样	5	0，1
6	过滤精度	A	20	I	一次抽样	5	0，1
7	纳垢容量	B	30	I	一次抽样	3	0，1
8	滤芯强度	B	30	I	一次抽样	3	0，1
9	流量压降	B	30	I	一次抽样	3	0，1
10	滤芯抗冲击性能	B	30	I	一次抽样	3	0，1
11	反冲洗操作力	B	30	I	一次抽样	3	0，1
注：A_c为合格判定数，R_e为不合格判定数。							

7.4 判定规则

7.4.1 出厂检验项目全部检验合格，判定出厂检验合格，否则判定出厂检验不合格。

7.4.2 型式检验项目全部检验合格，判定型式检验合格，否则判定型式检验不合格。

8 标志、包装和贮存

8.1 在靠近过滤器进、出口处，应有醒目的进、出口标记。

8.2 产品的标牌应符合 GB/T 13306 的要求。

8.3 包装应有防潮、防锈措施，结实可靠。

8.4 装箱文件包括装箱单、合格证、产品使用说明书。

8.5 产品检验合格后，应排尽工作液，所有通内腔的孔应加塑料堵或帽封好。

8.6 产品应存放在干燥和通风的仓库内，不应与酸类及容易引起锈蚀的物品和化学药品存放在一起。在正常情况下，自出厂之日起，应在 12 个月内不锈蚀、不霉变。